Kamerunschafe werden krank

Es war einmal ein kleines Schaf

Es war mal ein kleines Schaf
in einer großen Herde,
das trampelte oft gar nicht brav
ganz feste auf die Erde.

Zufrieden war das Schäfchen nie,
weg wollt es gerne laufen,
die Mutter stöhnt von spät bis früh:
"Es ist zum Wolle raufen".

Sie schaut das Schäfchen traurig an
und kann das nicht verstehen:
"Ich hab doch schon so viel getan,
warum willst du nur gehen".

Da mäht das Schaf: "Das bist nicht du,
warum ich mäh so leide.
Der Hirte nervt mich immer zu
auf dieser blöden Weide."

"Der Hirte, der ist lieb und gut,
er gibt die beste Pflege,
vertraue ihm und habe Mut,
du kleine Nervensäge."

"Ich will von dieser Wiese weg",
so mäht sofort das Kleine,

"ich suche mir den besten Fleck
und schaff das ganz alleine".

"Du willst ganz ohne Hirten gehn?",
die Mutter macht sich Sorgen,
"was Schlimmes kann mit dir geschehn,
nur hier bist du geborgen".

"Mäh, ich kann ohne Hirte sein,
das musst du mir doch glauben,
ich bin jetzt groß und nicht mehr klein,
mich wird schon niemand rauben."

Und dann rennt es davon recht schnell
mit seinen kleinen Beinen,
die Mutter blökt vor Angst ganz grell
und fängt fest an zu weinen.

"Ach ist das kleine Schäfchen stur",
klagt sie dem guten Hirten,
der tröstet sie: "Ich find die Spur
vom Schäfchen, dem Verirrten".

Das kleine Schaf läuft flink dahin,
es gibt so viel zu sehen:
"Auch wenn ich ohne Hirten bin,
es wird mir nichts geschehen".

Ganz fremd ist alles und so neu,
viel Gras gibt's zum Probieren,
das kleine Schaf will ohne Scheu
den Wald allein studieren.

*Die Vögel zwitschern: "Piep, pass auf,
du kleines Schaf da unten,
wir sitzen auf den Bäumen drauf,
doch du wirst schnell gefunden."*

*"Wer soll mich finden und selbst wenn,
dann kann ich mäh schnell rennen
und wenn es selbst der Wolf ist denn
soll der mich lernen kennen."*

*"Du dummes Schaf, piep piep hihi",
schon tun die Vögel fliegen,
"du irrst, du irrst," so pfeifen sie,
"er wird dich sicher kriegen."*

*Da mäht das kleine Schaf ganz froh
und springt gar lustig weiter,
doch stolperts dabei irgendwo
und ist nun nicht mehr heiter.*

*"Au mäh, au mäh, au mäh, mein Bein
kann ich nicht mehr bewegen,
was tun, ich bin hier ganz allein,
mäh ich muss mich hinlegen."*

*Die Vögel pfeifen: "Wolf in Sicht"
und hören auf zu singen,
das Schäflein jammert: "Bitte nicht,
jetzt wird's ihm doch gelingen."*

*Nun kommt ein großer Wolf gerannt,
das Schäfchen kann nichts machen,
sofort hat er es auch erkannt*

und fängt laut an zu lachen:

*"Du bist ja ohne Hirte hier,
das tut es selten geben."
"Ich lief davon, nun lieg ich hier,
mäh, mäh, mein armes Leben."*

*"Ja, knurrt der Wolf und kommt ganz nah,
du wirst mir sehr gut schmecken",
das Schäfchen mäht: "Mama, Mama"
und würd sich gern verstecken.*

*Ganz hilflos liegt es hier im Wald,
schon will der Wolf es reißen,
da ruft ganz plötzlich jemand: "Halt,
du wirst hier niemand beißen.*

*Lass schnell das kleine Schaf in Ruh,
sonst muss ich dich erschießen."
Der Wolf macht schnell das Maul ganz zu,
rennt weg auf schnellen Füßen.*

*Nun ist der gute Hirte hier,
flink war er bei der Suche,
spricht zu dem Schaf: "Ich helfe dir",
und legt es in sein Tuche.*

*Es ruht ganz fest in seinem Arm,
ist sicher und geborgen
und fühlt sich wohl, es ist schön warm,
weit weg sind alle Sorgen.*

"Nie wieder", mäht das kleine Schaf,

*"geh ich von meiner Weide,
ich bleib jetzt immer lieb und brav,
mach Mama ganz viel Freude."*

Gabriele Brand

Beate Bode- Buchner

Kamerunschafe werden krank

*Bibliografische Information der Deutschen National-
bibliothek:
Die Deutsche Nationalbibliothek verzeichnet diese
Publikation in der Deutschen Nationalbibliografie;
detaillierte bibliografische Daten sind im Internet
über http://dnb.dnb.de abrufbar.*

© 2018 Name des Autors/Rechteinhabers **Beate Bode-
Buchner**

Illustration: **Beate Bode- Buchner**

*Herstellung und Verlag: BoD – Books on Demand,
Norderstedt*

ISBN: 9783752835793

Inhaltsverzeichnis

Vorwort	12
Herkunft	15
Rasenmäher auf vier Beinen	17
Kameruner und der Winter	21
Klauenschnitt	24
Entwurmung	27
Bandwürmer	32
Richtige Entnahme von Kotproben	35
Husten	38
Maedi/Visna	43
Trächtigkeit und Geburt	45
Flaschenlämmer	49
Frisches Blut	55
Bilder	61
Nachwort	

Vorwort

Vor einigen Jahren schrieb ich das Büchlein „Wie ich zum Kameruner wurde - das Leben mit Kamerun Schafen". In den letzten Jahren hatte ich immer wieder darüber nachgedacht, ob nicht ein weiteres Buch über die Haltung von Kamerun Schafen notwendig sei. Richtig schlüssig war ich mir nicht, nicht zuletzt, da nicht wirklich viel mit meinen Schafen passierte. Allerdings las ich neulich in einer Gartenzeitung einen Artikel über Kamerun Schafe und dieser hatte mich geärgert.

„ *Sie suchen einen Gärtner, der genügsam, freundlich und zuverlässig ist?*
Wie wäre es mit ein paar Kamerunschafen, denn die sind pflegeleicht, nett und immer gerne zur Stelle, wenn es etwas zu zupfen und zu rupfen gibt. Ideal also für die Hobbyhaltung, wenn Wiesen oder ein Obstgarten mit Gras gepflegt werden sollen. Auf dem Speiseplan dieser aus Afrika stammenden Wiesenpfleger stehen Gras und Blätter. Wenn diese Leibspeise mal rar wird, tun sie sich aber auch an Eicheln, Büschen, Disteln und Brennnesseln gütlich. Zwischendurch darf es auch mal leckeres Obst, wie etwa Birnen oder Äpfel geben. Tipp: Fremden gegenüber sind Kamerun Schafe ein wenig zurückhaltend und zunächst skeptisch, aber sie tauen auf und werden zutraulicher, wenn man sie mit Leckereien dazu überredet. Robust sind Kamerun Schafe obendrein, denn äußerliche Ungeziefer und Krankheiten sind relativ selten-außer Magen Darmwür-

mer, aber dagegen gibt es zweimal jährlich eine Prophylaxe. Auch die Klauenpflege-vor allem bei weichem Untergrund-ist nur ein bis zweimal jährlich fällig. Großer Pluspunkt der Kamerun Schafe, die Tiere müssen nicht geschoren werden, denn für den Winter bekommen Sie zwar eine dichte Unterwolle, aber die werfen sie im Frühling wieder ab.
Das Kamerun Schaf muss nur im Winter gefüttert werden, im Sommer brauchen Sie keine Zusatzfutter, sondern ihnen reicht die Weide, ein Salzleckstein und Wasser. Im Winter aber muss Heu und Kraftfutter spendiert werden. Weil Kamerun Schafe weniger mit der Kälte Probleme haben, als mit der Hitze, brauchen Sie bei Freilandhaltung das ganze Jahr über einen trockenen Unterstand ohne Zugluft."

So oder so ähnlich stand der Artikel in einer Gartenzeitung, weil Kamerun Schafe in den letzten Jahren immer beliebter wurden. Gleichzeitig gibt es Internetforen mit Fragen über Fragen zur Haltung von Kamerun Schafen, weil diese plötzlich krank werden bzw. doch nicht so unkompliziert sind, wie man es gelesen hatte.
Ich erhebe nicht den Anspruch, die einzig wahre Kennerin der Kamerun Schafe zu sein. Auch ich erlebe immer wieder neue Situation mit meinen Schafen, möchte aber einen Beitrag dazu leisten, das Leben mit Kamerun Schafen zu schildern. Dass es sich sehr wohl um anspruchsvolle Tiere handelt, dass gerade Kamerun Schafe nicht nur als Rasenmäher zu halten sind, sondern dass sie eine gute Pflege und Haltungsbedingungen be-

nötigen und dass sie tatsächlich auch krank werden können.
Dieses Buch soll unter anderem auf mögliche Erkrankungen der Schafe eingehen. Diese beruhen auf meinen eigenen Erfahrungen und Beobachtungen sowie dem Austausch mit anderen Kamerun Haltern.

Herkunft des Kamerun Schafes

Das Kamerunschaf ist eine aus Westafrika stammende Haarschafrasse. Haarschafe tragen keine Wolle, sondern ein Haarkleid. Sie müsste also nicht geschoren werden. Das Haarkleid ist dicht und eng anliegend. Im Herbst und Winter bildet sich zusätzlich ein dichtes wollähnliches unter Haar, das nach der Kälteperiode bis ca. April/ Mai wieder abgestoßen ist.
Kamerun Schafe gehören zu den Landschafrassen. Über die Abstammung unserer Schafrassen hat man in den letzten Jahren verschiedene genetische Untersuchungen durchgeführt. Als Ergebnis kann festgestellt werden, dass alle unsere heutigen bekannten Schafrassen ihren Ursprung in dem asiatischen Raum haben. Es werden unter den Stammformen verschiedene Wildschafgruppen unterschieden. Das Kamerun Schaf gehört zu der Mufflongruppe, die ihren Ursprung in Westasien, Korsika und Sardinien hat.

Das Kamerunschaf ist ein kleinräumiges, anspruchsloses, widerstandsfähiges Landschaft.
Der Rumpf ist tief und geschlossen, die Rippen gut gewölbt, das Fundament fein und trocken.
Die Muttertiere sind Horn los, allerdings gibt es manchmal auch gehörnte Auen.
Die Geschlechtsmerkmale der Blöcke sind sicher unförmige Hörner und eine Mähne anhalten, Nacken und Brust. Kamerun Schafe haben von Natur aus kurze Schwänze, die nicht kopiert werden.

Die Hufe sind klein und hart. Das Haarkleid ist dicht und eng anliegend und wird im Winter durch eine dichte Unterwolle, welche im Frühjahr wieder abgestoßen wird, ergänzt. In der Herdbuchzucht ist die häufigste Fellfarbe braun markenfarbig Grundfarbe Braun auch Kopf und Beine mit schwarzer Zeichnung. Es gibt aber auch Schwarzmarken farbige Tiere und rein schwarze Tiere sowie auch Schecken.

Kamerun Schafe sind bereits im Alter von etwa fünf Monaten geschlechtsreif. Die Brunst ist asaisonal, zwei Nachlammungen in einem Jahr sind möglich. Die Geburt vollzieht sich fast ausnahmslos ohne fremde Hilfe und recht problemlos, die Tragzeit liegt bei fünf Monaten.

Soviel also zur Herkunft und Rassestandard des Kamerun Schafes. Der schafunerfahrene Zweibeiner glaubt nun, „Super, ein Schaf, welches nicht geschoren werden muss, erträgt auch kalte Winter draußen, braucht nur Heu und Wasser und pflegt auch noch mein Rasen! So ein Schaf will ich haben!"

Mitnichten ist das so!

Rasenmäher auf vier Beinen

Beginnen möchte ich mit der Legende, dass Kameruner die perfekten Rasenpfleger sind und gut auf Obstwiesen gehalten werden können.
Kamerun Schafe grasen die Wiese nicht komplett ab, sie selektieren. Brennnesseln, Butterblumen, Gänseblümchen, Disteln etc. fressen sie erst, wenn diese gemäht wurden und auf der Wiese liegen bleiben. Anders als beispielsweise Dorper Schafe, welche sich tatsächlich in die Brennnesseln stellen und diese radikal abfressen.
Mehrmals in den Sommermonaten mähe ich die Weide ab, zur Freude der Kamerun Schafe. Kaum habe ich die Weide verlassen, eilen sie dorthin und fressen das abgemähte Gras, Brennnesseln, Disteln etc.. Auch konnte ich beobachten, ist die Wiese zu hoch, suchen sich die Kameruner Bereiche, auf der das Gras nicht so hoch steht.
Hat man eine Weide mit Obstbaumbestand, ist es dringend zu empfehlen, die Obstbäume zu umzäunen oder einzubrettern. Kameruner lleben die Rinde von Bäumen, insbesondere Obstbäume und Weiden. Aber auch Flieder, Nadelbäume und Holunder sind vor ihnen nicht sicher. Sie fressen die Rinde der Bäume sowie herunterhängende Äste ab-über kurz oder lang sterben die Bäume. Wir haben unsere Obstbäume eingebrettelt; die Schafe versuchen zwar daran hoch zu klettern, um doch noch die Äste zu erreichen aber die Bäume erleiden keinen Schaden mehr. Für ein gutes Abweiden einer großen Wiese eignen sich eher andere Schafrassen, wie

beispielsweise Heidschnucken, Dorper oder Rhönschafe.

Auch ist immer wieder zu lesen, im Sommer müsse nicht zugefüttert werden, da die Kameruner die Weide abgrasen und wenn überhaupt nur ein wenig Kraftfutter, Leckstein und Wasser benötigen würden. Wie bereits erwähnt, selektieren Kameruner, sie grasen die Weide nicht komplett ab!
Hierzu habe ich einige Kamerunhalter in der näheren Umgebung befragt. Ihre Kameruner verhalten sich nicht anders, als die meinen. Ich biete auch im Sommer Futter an, zwar nicht in den Mengen wie im Winter, aber es wird von den Schafen angenommen. Zudem füttere ich Wildfutter, Karotten, Mais, Hafer und zwischendurch altes Brot - im Winter mehr, im Sommer weniger.
Im Sommer fressen meine Kameruner auch gerne abgeernteten Salat, welcher im Hausgarten geschossen ist.
Täglich bekommen die Schafe frisches Wasser, im Winter auch mit Salbei und Fenchel, was gut angenommen wird. Nicht zu vergessen, der Leckstein für Schafe, der immer vorhanden sein sollte. Hier ist darauf zu achten, Lecksteine für Schafe zu erwerben, da in anderen Lecksteinen Kupfer enthalten ist, was für die Schafe giftig ist.

Ich habe Kamerun Herden gesehen, welche tatsächlich im Sommer nicht zugefüttert wurden. Die Tiere waren mager, hatten einen glanzloses struppiges Fell, die Lämmer waren klein und mager. Des Öfteren sehe ich solche Herden auf

Wiesen, auf denen noch alte Wohnwagen, Traktoren und sonstiges Gerümpel zu finden ist. Dazwischen ein paar Kameruner mit ihren Lämmern. Gerade solche Herden werden auch in sozialen Netzwerken vorgestellt.

Begründet in der Darstellung dieser Schafrasse, glaube ich gerne, dass es Kamerunhalter gibt, die darauf vertrauen, dass man sich um das Kamerun Schaf kaum kümmern muss, dass man es nicht füttern muss und sie einfach in den Garten stellt.

Man sollte sich immer überlegen, warum man Schafe im heimischen Garten halten möchte! Sollen sie nur die Wiese kurz halten und keine Arbeit machen, ist von einer Schafhaltung abzusehen. Kameruner machen Arbeit, insbesondere wenn ich meine Schafe beobachte, um mögliche Erkrankungen oder Verhaltensänderungen zu erkennen. Man lernt seine Tiere nur kennen, wenn man sie täglich aufsucht und sich mit ihnen befasst. Nur so erkenne ich Verhaltensänderungen, welche möglicherweise auf Erkrankungen hindeuten.

Ich persönlich neige dazu, mit meinen Schafen zu sprechen. Betrete ich die Weide und oder den Stall begrüße ich meine Herde freudig, im Allgemeinen werde ich genauso freudig zurück gegrüßt. So komme ich beispielsweise abends zum Füttern und stelle fest, dass Luise den rechten vorderen Lauf nicht benutzt und nur auf drei Beinen läuft. Da alle Schafe im Stall waren, war es nicht schwierig Luise einzufangen. Der dazu geholte Tierarzt stellte fest, dass Luise sich das Bein gebrochen hatte, wahrscheinlich war sie in

ein Erdloch getreten. Luise bekam für sechs Wochen ein Gipsbein und alles war wieder gut.
Oder Shauna, sie humpelte mit dem linken Hinterlauf. Shauna wurde eingefangen und untersucht; sie hatte sich eine Walnussschale in die Klaue eingetreten. Walnussschale wurde entfernt und Shauna flitzte davon.
Wie soll ich erkennen, ob es meinen Tieren gut geht, wenn ich sie nicht jeden Tag aufsuche!?
Von daher ist es also ein Trugschluss, davon auszugehen, dass man sich um Kamerun Schafe nicht kümmern muss.

Kameruner und der Winter

Immer wieder ist zu lesen, dass den Kamerunern der Winter nichts ausmacht. Die Schafe würden nur einen zugfreien Unterstand benötigen.
Schon immer habe ich mich gefragt, was ein Zugfreier Unterstand ist!? Möglicherweise habe ich aber auch eine andere Definition zu dem Begriff Unterstand.
Für mich ist ein Unterstand ein Gebäude, welches hinten und an den Seiten Wände hat, aber nach vorne hin offen ist. Meines Erachtens kann von zugfrei also keine Rede sein – da wachelt es rein!
Kameruner sind im Winter anfälliger für Erkältungskrankheiten, als die durch ihre Wolle geschützten heimischen Schafrassen. Sie benötigen einen guten Witterungsschutz von zugfreien und trockenen Ställen sowie energiereiches Futter.
Einige Jahre hatte ich für meine Kameruner immer einen großen Winterstall, also ein geschlossenes Gebäude mit Fenstern. Trotzdem ist es immer wieder mal vorgekommen, dass das ein oder andere Schaf erkältet war. Die Schafe standen malade rum, wollten nicht fressen, husteten, hatten Halsweh und Fieber. Dies kann man aber gut feststellen, wenn man dem Schaf vorne über den Kehlkopf/Hals fährt, wenn sie krank sind, kommt ein klägliches Krähen. Sind die Schafe gesund bzw. haben kein Halsweh, gefällt Ihnen das streicheln über den Hals/Kehlkopf auch ein zartes Drücken stört sie nicht.

Bei Verdacht auf Fieber wird gemessen im Enddarm (rektal). Die Normaltemperatur beträgt 38,5-39,5 °C. Treiben und Hitze führen zu einer normalen Temperaturerhöhung, Lämmer haben eine höhere Körpertemperatur, diese liegt bei 39,5 °C.

Begründet in meinen Beobachtungen, konnte ich im Laufe der Jahre feststellen, dass Kameruner keine Kälte und feuchte Kälte schon gar nicht mögen. In den vergangenen Jahren konnte ich immer wieder feststellen, dass mit dem Einsetzen des Herbstes, die Tiere den Stall kaum verlassen haben. Sie gehen nicht gerne auf feuchten, matschigen Boden.
Vor unserem Stall haben wir eine Veranda gebaut, das heißt der Eingang/vordere Front ist komplett überdacht und der Boden mit Waschbetonplatten ausgelegt. Die Schafe liegen bei schlechten Wetter auf der Veranda und haben zudem keinen matschigen Eingang. Im letzten Winter, welcher erstaunlicherweise tatsächlich richtig kalt war (-20 °C) sind die Kameruner zu Stubenhocker mutiert. Sie haben den gesamten Winter im Stall und auf der Veranda verbracht! Nicht einmal sind sie auf die Weide gegangen. Dies hat dazu geführt, dass mich mein Nachbar fragte, ob ich meine Schafe abgeschafft hätte.
Auch andere Kamerunhalter haben mir bestätigt, dass ihre Schafe es im Herbst/Winter vorziehen im Stall zu bleiben, auch wenn sie die Möglichkeit haben, auf die Weide zu gehen.
Meine Kameruner verbringen also meistens den Winter auf der Veranda. Abends gegen 22:00

Uhr, so als hätten sie sich den Wecker gestellt, traben sie alle in den Stall. Jeder sucht sich seinen angestammten Schlafplatz, Fritzi liegt immer in der Mitte des Stalls, Frieda liegt unter der Heuraufe, Günni macht es sich an der Terrassentür bequem sowie alle anderen, die sich auch ihr Plätzchen suchen.

Es ist ein enormer Vorteil, dass die Schafe abends selbstständig in den Stall gehen und wir nur noch die Türe schließen müssen. Stehen Behandlungen durch den Tierarzt an, Klauenschnitt oder der Weg zum Schlachter, müssen die Tiere nicht mühsam und unter Stress in den Stall getrieben werden.

In den letzten zehn Jahren konnte ich immer wieder beobachten, dass die Kameruner den Winter nicht mögen. Und trotz gutem Stall, kommt es immer wieder zu Erkältungen. Diese gilt es zudem schnell zu erkennen, da es sonst zu Lungenentzündung kommen kann und dann nur noch der Schlachter bleibt.

Von daher kann ich nicht bestätigen, dass den Kamerunern der Winter nichts ausmacht.

Klauenschnitt

Im Wesentlichen wird geraten, zweimal im Jahr Frühjahr/Herbst den Klauenschnitt zu machen. Letztlich hängt es von der Bodenbeschaffenheit ab, wie oft die Klauenpflege stattfinden muss. Ist in erster Linie weicher Boden vorhanden, wachsen die Klauen schneller, da sie sich nicht abschleifen. Von daher muss man öfter zur Klauenschere oder Messer greifen. Zudem neigen Kameruner auf feuchten und matschigen Böden zur Moderhinke, welche durch mangelhafte Klauenpflege begünstigt wird. Die Moderhinke ist hochansteckend und führt zu einer besonders schnellen Ausbreitung. Allein deswegen ist eine regelmäßige Kontrolle der Klauen zu empfehlen.

In jüngster Zeit bin ich öfters an Weiden mit Kamerun Schafen vorbeigekommen, hier konnte ich beobachten, dass einige Schafe auf Knien fressen. Dies veranlasste meinen Mann zu der Äußerung, „Die sind so faul, dass sie auf Knien fressen". Mitnichten ist das so, da es sich auf der Weide um mehrere Schafe handelte, welche auf den Vorderfußwurzelgelenken liefen und fraßen, kann man wohl von einer schmerzhaften Erkrankung der Vorderklauen (Moderhinke) ausgehen.

Wir schneiden 2-3 im Jahr die Klauen, auch bei den jungen Lämmern wird mit der Klauenschere korrigiert.

Oft lese ich in Foren, dass gefragt wird, wie man am besten die Klauen schneidet. Auch ich konnte mit den Zeichnungen in der Literatur nichts anfangen, weil ich es mir nicht bildlich vorstellen konnte. Also habe ich mir Hilfe geholt. Ein erfahrener Jagdkollege und Schafbesitzer meines Mannes, hat uns gezeigt, wie man die Klauen schneidet. Bei unseren Schafen machen wir es immer zu zweit, einer hält das Schaf und der andere schneidet die Klauen - so ist es für alle stressfrei.

Prinzipiell kann man sagen, der seitlich überstehende Hornrand wird bündig zur Sohle abgeschnitten, sowie die Klauenspitzen leicht abgestumpft. Es ist darauf zu achten, dass man nicht in die weiche Fußsohle schneidet. Mit der stumpfen Seite eines Messers kratzt man zudem den Dreck aus den Klauen. Sollte man niemanden

finden, der einem zeigt, wie man Klauen schneidet, hilft auch gerne der Tierarzt.
Ich selbst habe zum Glück noch nie Probleme mit den Klauen bei meinen Schafen gehabt. Konnte aber in Schafforen und sozialen Netzwerken lesen, wie schwer die Erkrankung und Behandlung von Moderhinke ist. Auch konnte ich lesen, dass gegen Moderhinke ein Impfstoff besteht, welcher zur Sanierung von infizierten Tieren eingesetzt wird, um somit den Infektionsdruck zu senken. Allerdings wird darauf aufmerksam gemacht, dass die Impfung zur Sanierung alleine nicht ausreicht! Dennoch wird die Impfung auch prophylaktisch gegen Moderhinke eingesetzt, was eine regelmäßige Klauenpflege aber nicht entbehrlich macht!

Entwurmung

Jeder, der Schafe hält, muss sich früher oder später mit dem Thema Entwurmung befassen.
Bei der Verwurmung spielt die Herdengröße keine Rolle, denn die Würmer haben sich im Laufe der Zeit den Verdauungstrakt unserer kleinen Wiederkäuer als Lebensraum erobert und werden den nicht so leicht aufgeben! Das bedeutet, dass es kein Schaf gibt, in deren Körper sich, unter normalen Bedingungen gehalten, keine Innenparasiten befinden. Ein gesundes Schaf ab einem Alter von ca. zwei Jahren ist in der Lage, über die körpereigene Abwehr eine geringe Wurmbürde auch mittelfristig gering zu halten.
Die Aufgabe des Schafhalters ist es, die Wurmbelastung zu kontrollieren, also so gering zu halten, dass die Tiere keinen gesundheitlichen Schaden durch die Parasiten erfahren.
Meinerseits habe ich bislang die beste Erfahrung mit Wurmmittelpellets gemacht, welche ich alle sechs Monate unter das Futter mische. Allerdings hat mir unser Tierarzt mitgeteilt, dass es diese zukünftig nicht mehr geben wird, die Produktion würde eingestellt werden. Ich fand die Pellets praktisch, weil man nicht mit Röhrchen und Tabletten hantieren musste. Andererseits besteht immer mehr das Problem mit Resistenzen, so dass ein Wechsel mit dem Wurmmittel sicher nicht schlecht ist. Dennoch habe ich mich mit dem Thema befasst und das ein oder andere nachgelesen. So bin ich auf das Thema „Schafe natürlich Entwurmen" gestoßen. Hier liest man

die tollsten Geschichten, wie beispielsweise das Geben von Karotten würde schon zur Entwurmung führen.
Dennoch fand ich einige Artikel interessant und nachvollziehbar.
Von verschiedenen Firmen werden Pellets/Pulver auf Kräuterbasis angeboten, welche auf natürliche Weise bei der Abwehr aller bekannten inneren Parasiten (auch bei Larven der Magendasselflige) helfen. Die enthaltenen Naturkräuter unterstützen das Immunsystem und stärken den Organismus der Tiere. Es wird als Nahrungsergänzungsmittel angeboten. Diese Mittel werden jeden Monat sieben Tage lang (10 g pro Schaf) unter das Futter gemischt und soll zur natürlichen Abwehr der Parasiten führen. In einigen Foren konnte ich nachlesen, dass so mancher Schafhalter gute Ergebnisse damit erzielt hat, wie zum Beispiel, dass er nicht so häufig zu chemischen Wurmmitteln greifen musste. Jetzt kann jeder im Netz erzählen, wonach ihm gerade der Sinn steht, von daher würde ich mich letztlich nicht darauf verlassen. Dennoch habe ich mir solche Kräuterpellets der Firma VermX bestellt und ausprobiert. Über mehrere Monate hinweg habe ich diese Pellets verabreicht. Tatsächlich entwurme ich nun nur noch einmal im Jahr. Ausnahme sind hier Lämmer, diese entwurme ich das erste Mal mit drei Monaten. Hieran erhalten auch sie zur Unterstützung die Kräuterpellets.

Auch konnte ich im Internet über das Kamala Pulver, als biologische Wurmkur für Mensch und Tier nachlesen dies wurde bis 1996 eingesetzt, hieran wohl nur noch zum Färben von Stoffen und Seide. Bezüglich des Kamalapulver konnte ich auf einigen Seiten im Web nachlesen, dass dies zur Unterstützung von Schafhaltern eingesetzt wird, insbesondere wegen zunehmenden Resistenzen bei chemischen Wurmmitteln. Das Kamala ist wohl in großen Mengen giftig (ist Rosmarin im Übrigen auch, fällt mir gerade so ein), letztlich kommt es auf die Dosierung an.

Alles in allem finde ich den Einsatz von natürlichen Präparaten interessant und auch ausprobierungswürdig. Dennoch ist es notwendig, regelmäßig den Kot zu untersuchen, denn die natürlichen Entwurmungsmittel sind in erster Linie als Unterstützung zu verstehen. Es kann sein, dass durch die regelmäßige Anwendung solcher Kräuterpellets, die Gabe von chemischen Wurmmitteln nicht mehr so häufig notwendig ist. Aussagekräftige Studien habe ich hierzu allerdings nicht gefunden. Auch hier kann ich nur von meinen eigenen Erfahrungen berichten und ich habe positive Erfahrungen mit der Gabe von Kräuterpellets gemacht.

Um es noch einmal deutlich zu machen, diese Pellets dienen nur der Unterstützung, um nicht ständig chemische Mittel einzusetzen, die langfristig zu Resistenzen führen!

Zur regelmäßigen Entwurmung ist zudem eine gute Weidenpflege und Hygiene notwendig. Es ist sinnvoll, regelmäßig Weidenflächen abzustecken (mobiler Weidenzaun) um die Weide ruhen zu lassen und somit die Parasiten zu reduzieren. Wie bereits erwähnt, verbringen meine Schafe von Oktober bis April im Winterstall, somit wurde die Weide nicht genutzt und konnte ruhen. Im März habe ich die Weide dann das erste Mal gemäht.

Die Landwirtschaftskammer Nordrhein-Westfalen schreibt folgendes:

„Das bisher empfohlene Dose – und –Move-System, das bedeutet das Verbringen der Schafe nach dem Entwurmen auf eine saubere Weide oder das kurzfristige Aufstallen, begünstigt offenbar die Entwicklung resistenter Populationen. Ein Weidewechsel nach der Entwurmung sollte daher unterbleiben und die Tiere sollten zur Behandlung auch nicht aufgestallt werden, damit sich auf einer anfangs sauberen Weide keine einheitlich resistente Population anreichert. Ziel ist, das Schaf mit einer Mischinfektion aus unempfindlichen und empfindlichen Würmern zu konfrontieren, so dass der Organismus über eine Konkurrenzsituation der beiden unterschiedlich sensiblen parasitären Stadien künftig therapierbar bleibt und man überhaupt noch die Chance hat, auf den Gesundheitsstatus des belasteten Schafes positiv einzuwirken."

Dies macht meines Erachtens Sinn, nicht nur um Resistenzen vorzubeugen, sondern auch, weil nicht ein Jeder Weidefläche ohne Ende besitzt. Ich bin zudem dazu übergegangen, unsere Weide mehrmals im Jahr abzumähen. Dies auch, da die Kameruner die Weide nicht komplett abgrasen.

Bandwürmer

Bandwurmbefall ist vor allem bei Jungtieren in Weidehaltung problematisch. Hauptsächlich findet man bei Schafen Bandwürmer der Gattung Moniezia, bei Ziegen können diese Schafbandwurmarten ebenfalls auftreten. Bedeutung hat diese Infektion aufgrund der chronischen Darmentzündung, gekennzeichnet durch wechselnde Kotkonsistenz, herabgesetzter Fruchtbarkeit und Abmagerung infolge schlechter Futterverwertung bis hin zu einzelnen Todesfällen. Vor allem Jungtiere während ihrer ersten Weideperiode sind beginnend im Frühjahr bis zum Herbst gefährdet. Bei Schafen und Ziegen wird die Infektionsrate mit Moniezia begünstigt, da durch den tiefen Biss in die Grasnarbe die am Boden lebenden infizierten Moosmilben in größerer Menge mit dem Gras aufgenommen werden. Die Symptome können schon bei einem geringen Befall mit nur wenigen Bandwürmern auftreten. Da Bandwürmer in Nahrungskonkurrenz zum Wirtstier stehen, kommt es auch zu einem Vitaminmangel bei den Schafen. Bereits im Frühjahr stecken sich die Jungtiere kurz nach Beginn der Weidesaison mit infektionsfähigen Bandwurmlarven an, die in Moosmilben überwintern. Bandwurm. Die Zeit von der Aufnahme der infektiösen Larve bis zur Geschlechtsreife der Bandwürmer ist abhängig von Alter und Art des Wirtes und wird im allgemeinen zwischen 36 und52 Tagen angegeben, die Wür-

mer bleiben mehrere Monate im Körper des Wirtstieres am Leben.
Eine Behandlung gegen Bandwürmer ist aufgrund nachgewiesener Bandwurmglieder im Kot oder einer koproskopischen Untersuchung oft bereits ca. drei bis sechs Wochen nach Weideaustrieb nötig, vor allem wenn die Jungtiere Durchfall zeigen.

Zu unterscheiden ist der Durchfall von kurzzeitigen Verdauungsstörungen aufgrund von Weidewechsel.

Die Jungtiere sind für die infektiösen Larven der Bandwürmer voll empfänglich und stecken sich auf der Weide an. Bei stark verseuchten Weiden können erste Durchfälle bereits in der dritten Woche nach Weideaustrieb auftreten, auch wenn die erwachsenen Tiere auf dieser Fläche in dem betreffenden Jahr noch gar nicht geweidet wurden. Das lässt sich dadurch erklären, dass die Bandwurmlarven im Herbst die Körper der Moosmilben besiedelt haben und in diesen überwintern konnten. Im Frühjahr stehen die Bandwurmlarven bereits zeitig im Frühjahr für die Endwirte – Jungschafe, Lämmer und junge Ziegen – bereit, um mit dem Grasverschluckt zu werden.
Die meisten Mittel gegen Magen-Darm-Nematoden und Lungenwürmer wirken auch gegen Bandwürmer.
Meistens liegen ohnehin Mischinfektionen mit mehreren Parasitenarten vor. Bei der Dosierung ist aber darauf zu achten, dass die meisten Mittel

bei Bandwurmbefall eine höhere Dosis verlangen als bei reinem Rundwurmbefall.

Richtige Entnahme von Kotproben

Die Kotprobenentnahme sollte bei Verdacht auf Parasitenbefall immer am Einzeltier erfolgen bzw bei Untersuchungen auf Bestandsebene sollte von etwa zehn Tieren bzw. 10 Prozent des Bestandes durchgeführt werden.
Besser ist es immer, wenn Einzelproben eingeschickt werden, da hier der Status des Einzeltiers erkennbar ist. Auch Mischproben von der Herde können eingeschickt werden .Bei Mischproben muss man sich aber im Klaren sein, dass eine Verdünnung der Proben möglich ist, wenn die Proben von Tieren genommen werden, die in gutem Gesundheitszustand sind und so die Situation leicht verfälscht werden kann. Deshalb sind Einzelproben sinnvoller. Die meisten TGDs in den Bundesländern bieten finanzielle Unterstützungen bei den Kotprobenuntersuchungen an. Dieser Service der Tiergesundheitsdienste sollte genutzt werden, da nur durch eine Diagnose sichergestellt werden kann, ob die Tiere behandelt werden müssen bzw. kann man sich durch eine gezielte Diagnose auch Geld sparen, indem man weniger Medikamenteneinsatz bzw. einen gezielteren Einsatz der Parasitenmittel hat.
Kotproben sollten im Herbst noch vor dem Aufstallen bzw. im Frühjahr rechtzeitig vor dem ersten Weideaustrieb entnommen und auf Parasiten untersucht werden. Vorzugsweise sind die Proben von bereits erkrankten Tieren, Jungtieren oder abgemagerten Tieren zu nehmen.
Kotproben sollten von verdächtigen Tieren mit immer wiederkehrendem Durchfall ab Mai/Juni –

je nach Beginn der Weideperiode – genommen werden, sobald diese Durchfall zeigen, um frühzeitig abklären zu können, um welche Parasiten es sich handelt, um noch vor einem Umtrieb auf eine neue Weide eine
Behandlung durchführen zu können.

Material zur Probenentnahme:
- Viehzeichenstift,
- wasserfester Folienmarker, Einweghandschuhe oder Gefrierbeutel, Papier und Kugelschreiber zum Notieren der beprobten Tiere.

Kotproben sind immer direkt aus dem After zu nehmen, niemals darf Kot vom Boden eingesammelt werden, weil da die Wurmlarven längst aus dem Kot in die feuchte Umgebung ausgewandert sind. Bei der Entnahme streift man sich am besten einen Handschuh über oder nimmt einen Gefrierbeutel, den man sich über die Hand überstreift.
Dann streicht man vorsichtig entlang des Afters und massiert ganz leicht den Damm und den Afterschließmuskel.
In den meisten Fällen setzen die Tiere Kot und Harn ab. Kommt kein Kot, kann man ganz vorsichtig mit einem Finger in den Aftereingehen (Gleitmittel verwenden!) und ein paar Kothäufchen entnehmen. Wenn die Tiere unter Durchfall leiden kommt es meistens allein durch die Reizung des äußeren Afterbereichs schon zum Kotabsatz. Nachdem man den Kot aufgefangen

hat, stülpt man den Handschuh bzw. den Beutel zurück und knotet diesen fest zu. So sind die Proben gut verschlossen transportierbar. Anstelle der Plastiksäckchen kann man auch kleine verschließbare Becher verwenden. Wichtig ist nur, dass die Proben vor dem Austrocknen geschützt sein müssen. Daher: Plastikbeutel bzw. Gefäße gut verschließen!

(Quelle:Lfl.at)

Husten

Wie bereits in meinem letzten Buch beschrieben, hatte ich immer wieder Schafe, welche zu Husten begangen. Immer hatte ich den Tierarzt geholt, dass kranke Schaf bekam Spritzen, Antibiotika und Aufbaumittel. Eine Besserung war nur kurzzeitig zu erkennen. Nach einiger Zeit war Rasseln in der Lunge zu hören. Es wurden Kotproben genommen (wegen Test auf Lungenwürmer) sowie Blutabnahme zur Überprüfung auf Maedi/Visna, alle Ergebnisse negativ!
Zwischenzeitlich hatte ich mich bei anderen Kamerun Haltern und auch in Schafforen erkundigt, ob diese in ihren Beständen solche Erkrankungen haben. Alle tippten auf Lungenwürmer (trotz meines Hinweises, dass dies negativ getestet worden war) ich musste mir Vorträge durchlesen, dass ich nicht ordentlich entnommen würde. Keiner in diesen Foren gab an, jemals ein hustendes Kamerunschaf gehabt zu haben!
Gut, mein krankes Schaf ist verstorben, ohne dass wir wussten was nun wirklich gefehlt hatte.
Einige Zeit herrschte Ruhe in der Herde, kein Schaf war krank oder hätte gehustet. Dann fing es wieder an, Shauna, sechs Jahre alt, fing mit Husten an. Nach wie vor gute Futteraufnahme, magerte aber ab, wieder Tierarzt bestellt, wieder bei allen Schafen Blutabnahme (wegen Maedi/Visna) Kotproben wegen Lungenwürmer, wieder Testergebnisse negativ. Letztlich haben wir Shauna einschläfern lassen. Unser Tierarzt hat sich allerdings die Mühe gemacht und eine

Kollegin dazu befragt, welche sich auf Schafe konzentriert hatte.
Diese gab an, dass es sich um Lungenadenmatose handeln würde.

Lungenadenmatose

- Erreger: Retrovirus verantwortlich für Lungenadenkarziom (infektiöse Tumorerkrankung), ausschließlich Schafe und sehr selten Ziegen betroffen
- Übertragung: vorzugsweise Tröpfcheninfektion/galaktogene und intrauterine Übertragung fraglich
- Verbreitung: weltweit verbreitet mit Ausnahme von Neuseeland und Australien, in Deutschland bei 0,2 bis 2,4% der Schlacht Schafe nachgewiesen
- Eigenschaften und Verlauf: Inkubationszeit sechs Monate bis zu vier Jahren; erst Infektionsalter beeinflusst offenbar die Inkubationszeit; in frisch infizierten Herden erkranken bis zu ein Drittel der erwachsenen Tiere, bei längerer Exposition 5-10 % Verluste
- Krankheitsdauer bis zu einem Jahr
- Betroffene Schafe tragen den Kopf auffallend hoch, zeigen geblähte Nüstern und Husten bei leichter Belastung. Zudem lässt sich ausgeprägter seriös eitriger Nasenausfluss beobachten. Bei anfangs ungestörter Futteraufnahme verlieren be-

troffene Tiere über Wochen bis Monate zunehmend an Gewicht. Solange keine bakteriellen Sekundärinfektionen auftreten, bleiben die infizierten Tiere fieberfrei.
- Schließlich werden die betroffenen Schafe apathisch, zeigen bei gesenktem Kopf erhöhte Atemfrequenz und verenden infolge des Sauerstoffmangels und der Kreislaufbelastung.

Maßnahmen bei Lungenadenmatose

- Verdächtige Tiere sowie Nachzucht merzen, wodurch man die Inzidenz auf weniger als ein Prozent senken kann
- Sanierung über mutterlose Aufzucht möglich
- Untersuchungen aus Island zeigen, dass nach Erstkontakt die Häufigkeit der Erkrankung in den ersten Jahren ansteigt, sich dann stabilisiert (immunologische erworbene Resistenzen), um dann abzusenken!
- Stärkung des Immunsystems: regelmäßige Endoparasitenbekämpfung

(Quelle : Lehrbuch für Schafskrankheiten)

Bei der Lungenadenmatose gibt es keine Behandlungsmöglichkeit und die Ansteckung ist groß. Fatal ist, dass die ersten Krankheitsanzeichen relativ spät sichtbar werden. Es bleibt ei-

nem nichts anderes, als die Schafe zum Schlachten zu bringen!
Als ich in einem der Foren über diese Erkrankung berichtete, kam wieder die ellenlange Story über Lungenwürmer. Nur ein Nutzer gab an, dass seine Kameruner auch davon betroffen waren und er alle Tiere merzen musste!
Sicher kann jedes Schaf diese Erkrankung bekommen, dennoch glaube ich (laienhaft), dass Kameruner gegebenenfalls anfälliger sind. Wissenschaftlich kann ich das natürlich nicht begründen und ist von daher wahrscheinlich auch nicht haltbar. Aber oft genug habe ich von anderen Kamerun Haltern gehört, dass ihre Schafe husten. Häufig wird dies als Verschlucken oder Krümel in der Tröt abgetan. Irgendwann wird dann berichtet, dass das Schaf tot im Stall oder auf der Weide lag.

Überhaupt habe ich den Eindruck, dass eher selten über Krankheiten/Todesfälle in Herden berichtet wird. In den sozialen Netzwerken herrscht in Kamerun Herden immer eitel Sonnenschein.
Bei der vorab beschriebenen Erkrankung erfolgt die Ansteckung über Tröpfcheninfektion oder über die Aufnahme der Muttermilch. Kaufe ich beispielsweise ein Bock Lamm aus einer Herde in der Lungenadenmatose besteht, steckt mir der Bock meine Herde an! Von daher wäre es nur ehrlich und zum Schutz weiterer Herdverlusten offen über Erkrankungen zu sprechen. Insbesondere da man immer wieder nach einem neu-

en Bock sucht, um frisches Blut in die Herde zu bringen.

In den letzten zwei Jahren habe ich dadurch fünf Schafe verloren, drei Auen, zwei Jährlinge.

Maedi/ Visna

Kameruner, Texel-und Milchschafe gelten als besonders gefährdet an Maidi zu erkranken.

Die Krankheitsverursacher sind zwei Varianten desselben Virus: das Maedi – und das Visna Virus. Man spricht einfachheitshalber vom Maedi/ Visnavirus und von der Maedi / Visna Krankheit. Maedi/ Visnaviren gehören zur Gruppe der Lentiviren, d.h. es kann nach der Ansteckung bis zu zehn Jahren dauern, bis die Krankheit ausbricht. Die Maedi/Visnaviren sind unter anderem im Blut, im Nasen/Halssekret und in der Milch.
Maediviren verursachen vor allem eine Infektion der Lunge. Die Betroffenen Tiere leiden unter starker Atemnot, dass Euter kann sich diffus verhärten, der Gang wird unkoordiniert, Husten kann auftreten und die Tiere magern stark ab.
Visnaviren führen zu einer Infektion des Gehirns. Sie führt zu Bewegungsstörungen wie Lähmungen und Abmagerung der Tiere. Die Visna Variante tritt bei uns selten auf.
Die Infektion erfolgt bei intensivem Kontakt von Schaf zu Schaf bzw. über die Milch vom Muttertier auf das Lamm. Wahrscheinlich ist dabei der Austausch von Blut oder anderen Körpersekrete notwendig, es ist aber auch bekannt, dass die Übertragung durch Tröpfcheninfektion möglich ist. Auch die Übertragung durch Impfnadeln wird diskutiert. Die Inkubationszeit beträgt maximal etwa 5-6 Jahre es handelt sich daher um eine sogenannte langsame Virusinfektion. Infizierte

Lämmer können jedoch erste Symptome bereits einen Monat nach der Geburt aufzeigen.
Maedi ist nicht heilbar und führt dazu, dass die Herde ausgemerzt werden muss. Um zu überprüfen, ob die eigene Herde Maedifrei ist, hilft nur ein Bluttest, welcher alle 3-6 Monate wiederholt wird, sind hieran alle Ergebnisse negativ, gilt man als Maedifrei. Hier kann sicher der Tierarzt weiterhelfen, ob nun ein staatliches Labor oder der Tiergesundheitsdienst des jeweiligen Bundeslandes die Laboruntersuchung zur Maedi machen muss, um eine Anerkennung zur Maedifreien Herde zu bekommen.

Trächtigkeit und Geburt

Kamerun Schafe sind bereits im Alter von etwa fünf Monaten geschlechtsreif. Die Brunst ist asaisonal, zwei Lammungen in einem Jahr sind möglich. Die Geburt vollzieht sich fast ausnahmslos ohne fremde Hilfe recht problemlos. Die Tragzeit liegt bei fünf Monaten.

Im Laufe der Jahre, konnte ich allerdings feststellen, dass nicht jede Geburt problemlos verläuft. Insbesondere bei jungen Auen, ist es sinnvoll, bei der Geburt anwesend zu sein. Nicht selten habe ich erlebt, dass bei jungen Auen die Geburt zwar unproblematisch verlief, sie aber letztlich mit ihrem Lamm nichts anzufangen wussten. D.h., es setzte nicht der Instinkt des Sauberschleckens ein, sondern sie ließen ihr Lamm einfach liegen. Hier schreite ich im Allgemeinen ein, säubere und befreie das Mäulchen von der Schutzhülle und lege das Lamm vor das Muttertier. In den meisten Fällen erkennt nun die junge Aue ihr Lamm, säubert es und kümmert sich darum.

Nicht selten kommt es zu Zwillingsgeburten. Auch hier haben junge Auen Probleme; mehrmals habe ich schon erlebt, dass die Auen mit zwei Lämmern überfordert sind. Sie kümmern sich intensiv um das erstgeborene Lamm, vergessen darüber aber das Zweitgeborene. Hier ist es mir schon zweimal passiert, dass das zweitgeborene Lamm verendet ist, weil ich nicht anwesend war. Bin ich anwesend, säubere ich das zweitgeborene Lamm, lege es der Aue vor und beobachte. Kommt das Lämmchen auf die Beine und nimmt die Biestmilch auf, ist alles in Ordnung. Allerdings habe ich auch schon erlebt, dass das zweitgeborene Lamm vom Muttertier verstoßen wird. Hier bleibt nichts anderes, als das Lamm mit der Flasche aufzuziehen.

Die bevorstehende Ablammung erkennt man gut am Aufeutern (das Euter schwillt an), dies geschieht ein paar Tage bzw. bis zu einer Woche vor dem ablammen. Manche Auen haben sehr große Euter, andere wirken eher klein, aber das Aufeutern erkennt man immer. Ein weiteres Indiz für eine bevorstehende Ablammung ist das Anschwellen der Scham. Hierzu muss ich allerdings erwähnen, der braucht es einen geübten Blick, ich habe das nicht immer erkennen können. In einigen Foren habe ich gelesen, dass die Auen kurz vor der Ablammung nicht mehr gefressen haben. Dies kann ich so nicht bestätigen! Ich hatte und habe Auen, welche sichtbar Standwehen hatten und mit der Ablammung zu rechnen war, komme ich mit dem Futter, ist alles vergessen und sie fressen!

Ablammung und Geburtshilfe:

- Ruhe bewahren
- Bei normalen Geburtsverlauf nicht unnötig stören oder das Tier transportieren
- sieht es nach Komplikationen aus oder dauert die Geburt ungewöhnlich lange,

Tierarzt rufen oder bei genügend Erfahrung unter Verwendung von Gleitmittel den Geburtskanal vorsichtig kontrollieren
- bei genügend Erfahrung vorsichtige Geburtshilfe, ansonsten Tierarzt rufen
- ist das Lamm auf der Welt, wird der Schleim aus den Atemwegen entfernt und das Lamm von den Resten der Fruchthülle befreit. Danach Lamm mit Stroh abtreiben oder besser von der Mutter trockenlegten lassen.
- Das Lamm (insbesondere bei Mehrlingsgeburten) vor die Mutter legen, um den Mutter-Lamm-Kontakt herzustellen. Kontrollieren, ob die Lämmer Biest Milch aufgenommen haben, dazu Mutter und Lamm sorgfältig beobachten.

Hilfsmittel für die Geburtshilfe:

- Gleitmittel, notfalls Speiseöl
- Geburtsschlinge
- Desinfektionsmittel für den Nabel, die Hände etc.

Flaschenlämmer

Es kommt immer wieder vor, dass ein Lamm mit der Flasche aufgezogen werden muss. Sei es, um ansteckende Erkrankungen wie Lungenadenmatose oder Maedi zu vermeiden oder weil die Aue das Lamm nicht annimmt. Auch kann es vorkommen, dass die Aue verstirbt oder noch keine bzw. zu wenig Milch hat. Auch konnte ich beobachten, gerade bei jungen Auen, dass sie am Euter berührungsempfindlich sind. Sie kümmern sich liebevoll um ihr Lamm, lassen es aber nicht trinken.
Aus all diesen Gründen muss nun das Lamm mit der Flasche aufgezogen werden. Das wichtigste ist, dass das Lamm Biest Milch bekommt. Mehrmals habe ich versucht eine Kamerun Aue zu melken, das Ergebnis war niederschmetterndentweder kann ich es einfach nicht oder die Zitzen sind zum melken zu klein.
Man kann nun, wenn man einen Milchbauern in der Nähe hat, Kuh Biestmilch verabreichen. Sollte dies nicht möglich sein, verwendet man Biest Milchersatz. Diese kann man zu einen als Fertigprodukt beziehen, welches dann in der Regel ein Pulver darstellt, das mit warmem Wasser angerührt werden muss.
Ich selbst verwende Kuh Biestmilch und gebe zudem Propicolpaste. Dies ist ein Ergänzung Futtermittel zur Erstversorgung mit Vitaminen und Probiotika, welches gerade bei Flaschenlämmern empfohlen wird. Meinerseits habe ich damit gute Erfahrungen gemacht.

Nach dem Füttern mit Biestmilch kann man nun auch mit frischer Kuhmilch das Lamm füttern. Allerdings ist Kuhmilch nicht so fettig wie Schafsmilch. Von daher bin ich dazu übergegangen meine Flaschenlämmer mit 3,8 % Vollmilch und 10 % Kondensmilch im Missverhältnis 1:1 zu versorgen.

Die Tränke Temperatur sollte zwischen 39 und 35 °C liegen. Eine zu kalte Tränke kann im Lab Magen nur unzureichend gesäuert werden, was dazu führt, dass Milchinhaltsstoffe und aufbereitet in den Darm gelangen und dort massive Verdauungsstörungen hervorrufen.

In den ersten 24 Stunden sollte das Lamm in Abständen von 2 Stunden mit dem Kolostrum Ersatz versorgt werden, jeweils mit einer Tränke Menge von 50 ml. Allerdings kommt es doch relativ häufig vor, dass gerade in den ersten zwei Tagen, das Lamm nur 20-30 ml zu sich nimmt.

Ab dem dritten Lebenstag verabreicht man dem Lamm alle 3-4 Stunden 70 ml Tränke. Ich habe es immer so eingerichtet, dass morgens um 6:00 Uhr, vormittags um 11:00 Uhr, nachmittags um 15:00 Uhr, abends um 19:00 Uhr und das letzte Mal nachts um 0:00 Uhr gefüttert wurde.

Ab dem 6.-10. Lebenstag wird das Lamm in der Regel alle 5 Stunden getränkt, die Tränke erhöht sich nun auf 200-300 ml.

Die Tränke Angaben können variieren, ich hatte Lämmer, die haben pro Mahlzeit weniger zu sich genommen, diese habe ich dann eben öfter gefüttert. Oder ich hatte Lämmer, die haben „gesoffen wie ein Loch", diese habe ich dann nur dreimal mit der Flasche aufgesucht.

Das Wiederkäuen beginnt ca. ab einem Alter von 2-3 Wochen, ab diesem Zeitpunkt fressen sie mit den großen Schafen mit und brauchen nach meiner Erfahrung, auch nicht mehr so oft die Flasche.
Allerdings ist dies auch von Lamm zu Lamm verschieden. Ich hatte Lämmer, die wollten schon nach drei Wochen keine Flasche mehr und dann hatte ich Lämmer, die forderten ihre Flasche noch mit fünf Monaten ein. Ich habe das immer nach meinem Gefühl entschieden.

Als Verwendung bietet sich eine Babyflasche an, jedoch sollte der Sauger eine gerade Form haben. Also nicht der klassische Kiefersauger für Babys. Ich nehme immer die Flaschen von der Firma Philips, weil ich festgestellt habe, dass meine Lämmer mit diesen Saugern am besten zurechtkommen. Wenn die Tränke Menge 200 ml übersteigt, ist die Verwendung einer speziellen Lämmerflasche anzuraten. Im Fachhandel gibt es die sogenannte non-vac Flasche, die Luft über ein Ventil in das Flascheninnere lassen und so die Bildung eines Unterdrucks in der Flasche verhindern.

Es ist immer auf maximale Hygiene zu achten, Flaschen und Sorge sind täglich penibel zu reinigen und zu desinfizieren.
Auch ist zu erwähnen, dass es bei Flaschenlämmern zu Durchfall kommen kann. Ich habe immer einen kleinen Vorrat an Stullmisian Pulver im Haus, dieses rühre ich mit in die Milch und

verabreiche es dem Lamm. Im Allgemeinen ist der Durchfall am nächsten Tag schon vorbei.

Jedem sollte bewusst sein, dass Flaschenlämmer enorm Zeit- und Arbeitsaufwendig sind. Wenn man also ein Flaschenlamm nicht angemessen versorgen kann und auch keine Ersatzperson hat, die dieses erledigen kann, ist es im Sinne des Tieres vorzuziehen, es schmerzfrei zu töten
Erst vor einigen Wochen hatte eine Aue eine Zwillingsgeburt und war nicht in der Lage, sich um beide Lämmer zu kümmern. Ich habe dies einige Zeit beobachtet und dann entschlossen, den kleinen Bock mit ins Haus zu nehmen. Dies begründete sich unter anderem darin, dass just zu dieser Zeit -16 °C draußen herrschten-der kleine Kerl wäre wohl erfroren.
Im Haus habe ich Bobby erst einmal Biest Milch und Propicol verabreicht, um ihn mir dann unter einer Decke auf meine Brust zu legen. Alle 2 Stunden habe ich ihm sein Fläschchen gegeben und er durfte die Nacht bei mir im Bett verbringen.
Da auch ich zur arbeitenden Bevölkerung gehöre, habe ich Bobby am nächsten Tag in eine Hundebox gesetzt und ihn mit ins Büro genommen. Somit konnte ich ihn weiterhin alle 2 Stunden füttern. Am Abend habe ich ihn zur Fütterung mit in den Stall genommen und ihn zu seiner Mutter und Schwester gestellt. Ich war mehr als froh, als er sofort wieder erkannt wurde und auch von der Aue angenommen wurde. Bobby konnte also im Stall bleiben, allerdings stellte sich her-

aus, dass das Muttertier zu wenig Milch hat. Von daher werden Bobby und seine Schwester Ella mit der Flasche groß gezogen.

Bobby

Frisches Blut

Günni & Lucy

Wie bereits erwähnt, hatte ich fünf Schafe aufgrund der Lungenadenmatose verloren. Zwischenzeitlich war ich so frustriert, dass die Überlegung anstand, die Kamerun Schafe komplett abzuschaffen.
Jedes hustende Kamerun Schaf hat mir zu schaffen gemacht. Immer wieder hatte ich den Tierarzt geholt, weil ich doch immer in der Hoffnung lebte, das Schaf habe sich nur erkältet - nun, wie wir wissen war es nicht so.
Aber wirklich konnte ich mich von meinen verbliebenen Kamerun Schafen nicht trennen. Also setzte ich mich an den Computer und surfte im Internet nach Kurzhaar Schafrassen.

Vor längerer Zeit hatte ich einen Artikel über Nolana Schafe gelesen.
Der Fachbereich Landwirtschaft der Fachhochschule Osnabrück hatte in Kooperation mit regionalen Schafhaltern 1995 begonnen, ein für die Fleischproduktion und die Landschaftspflege gleichermaßen geeignetes, robustes, leistungsfähiges und fruchtbares Haarscharf zu züchten - das Nolana Schaf.
Mir hat diese Schafrasse gut gefallen, allerdings gibt es kaum Herden in Süddeutschland (eher in Westfalen und Norddeutschland anzutreffen) und es sind doch recht stolze Preise, ab 300 € aufwärts.
Als Kamerunhalter ist man natürlich andere Preise gewöhnt, hier erhält man ein Tier für 60-100 €.

Von daher habe ich vom Nolana Schaf Abstand genommen und nach weiteren Kurzhaarschafen gesucht. Hier bin ich auf die Dorper Schafe gestoßen.
Das Dorper ist ein schwarzköpfiges, hornloses Schaf. Die Dorper Rasse entstand in Südafrika aus einer Kombinationskreuzung der englischen Fleischrasse Dorset Horn mit dem in Afrika beheimateten Blackhead Persian. Mit dieser Kreuzung wurde bezweckt, die guten Wachstums-und Schlachtkörpereigenschaften der englischen Leistungsklasse mit der Anspruchslosigkeit und Hitzetoleranz des Steppenschafes zu kombinieren. Das Dorper Schaf gilt als reines Fleischschaf, bei dem das Vlies den alleinigen Zweck erfüllt, in der kalten Jahreszeit Schutz vor Kälte und Nässe zu gewähren. Zu Beginn der warmen

Jahreszeit werfen die Tiere ihr mischwolliges Vlies ab, damit entfällt die Notwendigkeit der jährlichen Schurr.

Auch diese Rasse gefiel mir gut, zumal ich lesen konnte, dass so manch einer seine Kameruner mit Dorpern gekreuzt hatte. Ich machte mich also auf die Suche nach einem Züchter in unserer Nähe. Diesen fand ich 160 km entfernt und erwarb ein Bock Lamm und eine Aue. Auch hier sind die Preise mit dem Erwerb von Kamerun Schafen nicht zu vergleichen, aber Günni und Lucy waren nicht ganz so kostspielig wie zwei Nolana Schafe.

In heimischen Gefilden angekommen, stürmten Günni und Lucy auf die Weide. Die Kameruner blieben wohl aus Sicherheitsgründen am Stall. Es entstand eine kuriose Situation, die Dorper trauten sich nicht zum Stall und die Kameruner trauten sich nicht auf die Weide. Auffallend war,

dass die Dorper Lämmer die die Weide abgrasten, als seien sie kurz vorm verhungern. Anders als Kamerun Schafe, gab es hier kein Selektieren.
Als zum Abend hin Günni & Lucy sich weiterhin in die hinterste Ecke der Weide drückten, griffen wir ein. Die Kameruner wurden in den Stall gebracht, während mein Gatte Günni & Lucy einzeln in den Stall trug. Nun gab es die kuriose Situation im Stall, in der einen Ecke stapelten sich die Kameruner fast bis unter die Decke und in der anderen Ecke des Stalls schauten sich Günni & Lucy ihr gegenüber an.
Nach zwei Tagen und Nächten hatte man sich aneinander gewöhnt und besuchte nun gemeinsam die Weide.
Günni & Lucy waren erst vier Monate alt, meine Planung war, dass Günni die Damen einmal decken sollte und dann sollte er zum Schlachter.

Günni wurde ein stattlicher Bock, ich schätze, er bringt 120kg auf die Waage. Und er hat seiner Aufgabe alle Ehre erwiesen.
Am 2. November 2017 brachte Lotti, eine gescheckte Kamerun Dame, ein gesundes Dorper Kamerun Lamm zur Welt. Das Lamm war ganz eindeutig der Papa, schwarzer Kopf, weißer Körper - als hätte es einen weißen Pullover an.
Das Heranwachsen von Bella war in vielerlei Hinsicht anders, als bei Kamerun Lämmern. Zum einen war Bella schon bei der Geburt deutlich größer, als ein Kamerun Lamm. Auch schien die gesamte Entwicklung viel schneller vonstatten zu gehen, als bei den Kamerunern. Zudem war Bel-

la, wie auch ihre nachfolgenden Geschwister, ein sehr lustiges Schaf. Beliebtes Spiel bei allen Lämmern, auf Papa Günnis Rücken zu hüpfen, um beispielsweise besser an die Heuraufe zu kommen oder um von dort auf Lucys Rücken zu springen. Das war so nett anzusehen, dass wir tatsächlich diese Situationen gefilmt haben.

Nach Bella hat jeden Monat eine Aue bis März abgelammt. Nunmehr haben wir fünf Lämmer, davon zwei Mädchen Bella und Ella sowie drei Böcke, Bobby, Freddy und Lucki. Lucki ist ein reinrassiger Dorper mit einer besonders schönen Befleckung - naja, die Färbung hat ein bisschen was von einer schwarz-weißen Kuh.
Unser Freddy ist ein Flaschenlamm, auch er ist ausgesprochen lustiges Schaf. Ella und Bobby sind Zwillinge und pechschwarz, ihr Fell fühlt sich wie Katzenfell an. Während die drei anderen Lämmer eher ein wolliges Fell haben.
Lucki, ein Kind von Günni & Lucy, ist ein wahres Mamakind, er macht kaum einen Schritt ohne seine Mutter.

Es ist absolut interessant und spannend, diese fünf Lämmer zu beobachten. Sie sind so schnell in ihrer Entwicklung, zeigen sich ausgesprochen intelligent und kommunikativ. Ich weiß, dies hört sich komisch an, da es hier um Schafe geht, aber anders kann ich es nicht erklären.
Die Lämmer reagieren darauf, wenn man mit ihnen spricht, Freddy beispielsweise legt den Kopf schief, wenn man mit ihm spricht. Oder, wenn die Flaschenlämmer gefüttert werden (er

gehörte auch dazu) wartet er darauf, dass er die Reste der anderen bekommt. Hat er diese Milch getrunken, geht er zu meinem Mann, stupst ihn an und wartet darauf geschmuggelt zu werden. Mein Mann putzt ihm dann das Mäulchen, stellt sich sich Freddy zwischen seine Beine und dann wird geschmust. Ein Ritual, das nach jeder Fütterung stattfindet. Freddy ist jetzt drei Monate alt und so groß wie ein Kamerunschaf.

Das älteste Lamm ist jetzt fünf Monate alt und wenn ich mir alle Lämmer so anschaue, erscheinen sie mir deutlich robuster, als ein reines Kamerun Schaf.

Die Bocklämmer werden mit 5-6 Monaten zum Schlachten gegeben, die Auen bleiben in der Herde.

Mittlerweile steht fest, dass Günni nicht zum Schlachter muss und in der Herde bleibt.

Von anderen Kamerun Haltern musste ich einige Kritik einstecken, weil ich mit Dorpern eingekreuzt habe. Es wurde unterstellt, dass ich nur mehr Fleisch haben wollte und dass man nicht einkreuzen dürfte.

Ich sehe das anders, mir ging es darum frisches Blut in die Herde zu bringen und nach Möglichkeit ein robusteres Kurzhaarscharf dafür zu bekommen.

In einem Umkreis von 200 km hätte ich keinen Kamerun Bock bekommen, der nicht mit meiner Herde verwandt gewesen wäre. Zudem habe ich ganz bewusst einen Dorper Bock und eine Dorper Aue gekauft, um gegebenenfalls auf Dorper

Schafe umzustellen. Schon der erste Winter, welcher wirklich nicht warm war, zeigte, dass die Dorper Schafe diesen ohne irgendwelche Anzeichen wegstecken. Während zwei Kamerun Schafe wieder erkältet waren und der Tierarzt kommen musste.
Wenn ich also nun, dank der Kreuzung, Schafe bekomme, die sich durch eine größere Robustheit auszeichnen, dürften doch wir als Halter sowie die Schafe zufrieden sein.
Sicher gibt es auch Schafe, die von ihrer Rasse her robuster sind. Wenn ich aber nur eine kleine Herde habe, werde ich kaum jemanden finden, der mir diese jährlich schert. Von daher bleibt für die Hobbyhaltung und zur Selbstversorgung nur die Kurzhaar Schafrasse. Ohne Schafe möchte ich nicht sein, von daher werde ich die Entwicklung meiner Mischlingslämmer beobachten und hieran entscheiden, ob ich bei den Kamerunschafen bleibe oder Dorper Schafe umstelle.

Freddy

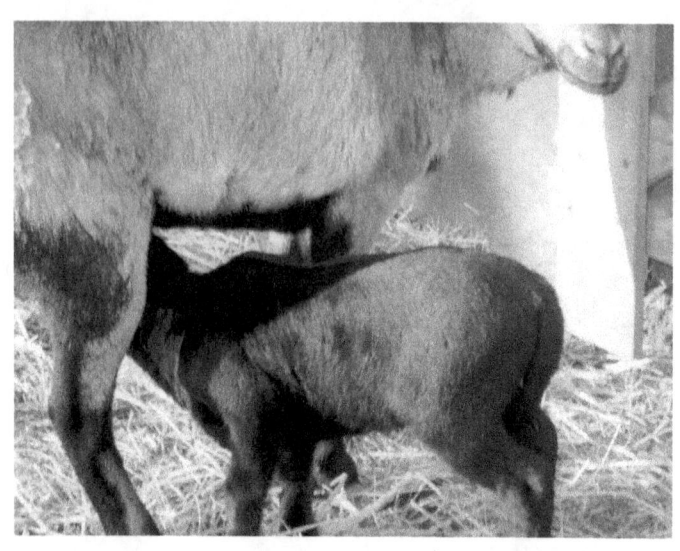

Nachwort

Ich möchte noch einmal betonen, dass dieses Büchlein in erster Linie auf meinen Erfahrungen beruht! Sicher, ich habe mir einiges angelesen, nicht zuletzt habe ich mir das Lehrbuch für Schafkrankheiten zugelegt; hieraus habe ich kenntlich zitiert.
Ich würde jedem Hobbyschafhalter dieses Buch empfehlen, auch weil so mancher Tierarzt mehr mit Rind, Pferd und Schwein, als mit Schaf zu tun hat – da kann diese Schwarte schon hilfreich sein.
Dennoch habe ich durch meine Tierärzte auch viel gelernt, so manch einer zeigte wahres Engagement! Ihnen möchte ich an dieser Stelle noch einmal herzlich danken!!

Mein Leben wurde durch das Zusammenleben
(im weitesten Sinne) mit meinen Schafen wahrlich bereichert!
Auch wenn es zeitweise viel Arbeit ist, man sich so manches Mal Sorgen macht, viel liest, um das Best Mögliche für die Tiere heraus zu holen - ich will ohne Schafe nicht mehr leben!
Auf vielfache Weise geben mir die Schafe das zurück.
Erst am heutigen Abend, bei der Fütterung der Flaschenlämmer, wenn sie an einem rumknappern, das Gesicht abschnuffeln und Schafbussis verteilen. Sina, eins meiner ersten Flaschenlämmer, 7 Jahre alt, drückt mir ihr Mäulchen ins Gesicht und hinterlässt einen feuchten Schmatzer.

Oder unser Freddy, der sich solange an einen drückt, bis man ihn endlich in den Arm nimmt.

All das sind ausgesprochen schöne Momente – sicher wird es jetzt Leute geben, die sagen werden, nur wilde Kameruner sind echte Kameruner! Nun, jeder Jeck ist anders, aber in den nun fast 10 Jahren Schafhaltung gab es diese Momente immer und wird sie wahrscheinlich auch immer wieder geben!

B. Bode- Buchner

www.ingramcontent.com/pod-product-compliance
Lightning Source LLC
Chambersburg PA
CBHW050239230526
45470CB00005B/2031